Julia Kloiber

Westfalen und NRW im Spiegel geografischer Schulbücher und Atlanten

GRIN Verlag

Bibliografische Information der Deutschen Nationalbibliothek:

Die Deutsche Bibliothek verzeichnet diese Publikation in der Deutschen National-
bibliografie; detaillierte bibliografische Daten sind im Internet über http://dnb.d-
nb.de/ abrufbar.

Impressum:

Copyright © 2005 GRIN Verlag GmbH
Druck und Bindung: Books on Demand GmbH, Norderstedt Germany
ISBN: 978-3-638-76438-4

Dieses Buch bei GRIN:

http://www.grin.com/de/e-book/49013/westfalen-und-nrw-im-spiegel-geografischer-
schulbuecher-und-atlanten

GRIN - Your knowledge has value

Der GRIN Verlag publiziert seit 1998 wissenschaftliche Arbeiten von Studenten, Hochschullehrern und anderen Akademikern als eBook und gedrucktes Buch. Die Verlagswebsite www.grin.com ist die ideale Plattform zur Veröffentlichung von Hausarbeiten, Abschlussarbeiten, wissenschaftlichen Aufsätzen, Dissertationen und Fachbüchern.

Besuchen Sie uns im Internet:

http://www.grin.com/

http://www.facebook.com/grincom

http://www.twitter.com/grin_com

Universität Duisburg-Essen
Standort Essen
SS 2005
Kurs: Natur- und Lebensraum Westfalen

Westfalen und NRW im Spiegel geografischer Schulbücher und Atlanten

Julia Parschmann
Semester: 6
Lehramt Primarstufe

Inhaltsverzeichnis

1. Einleitung

Der folgende Text beschäftigt sich mit verschiedenen Schulbüchern für den Geografieunterricht. Bezogen auf die Grundschule handelt es sich dabei um ein Schulbuch und einen Atlas. Ich habe den DIERCKE Grundschulatlas aus dem Westermann Schulbuchverlag von 2003 und die PUSTEBLUME – Das Sachbuch 4 aus dem Schroedel Schulbuchverlag von 1998 ausgewählt. Der Grundschulatlas von DIERCKE wird häufig im Unterricht eingesetzt und ist sehr aktuell. Dieser Aspekt veranlasste mich dazu, ihn näher zu untersuchen. Die PUSTEBLUME ist ein Sachbuch für den Sachunterricht, das mir, verglichen mit weiteren Grundschulsachbüchern aus unterschiedlichen Verlagen, am ausführlichsten und umfassendsten erschien. Es bildet einen guten Überblick über viele wichtigen Bereiche innerhalb der Thematik: „Nordrhein-Westfalen" auf Grundschulbasis.

Weiterhin habe ich mich entschlossen für jeden Schultypus ein Geografiebuch zu analysieren. Für die Hauptschulklassen fünf und sechs habe ich „Mensch und Raum" aus der Cornelsen Verlagsgesellschaft Bielefeld von 1996 ausgesucht. Bei der Suche nach vergleichbaren Hauptschulgeografiebüchern empfand ich dieses als sehr aufschlussreich und als gut geeignet. Die Kapitel sind übersichtlich gestaltet und die Themenvielfalt zahlreicher als bei Büchern anderer Verlage.

Für die Realschule habe ich „Mensch und Raum", SEYDLITZ 5/6 aus der Cornelsen & Schroedel Verlagsgesellschaft Berlin von 1990 ausgewählt. Es stand mir noch ein weiteres Exemplar aus dem Westermann Verlag zur Verfügung, welches den Themenbereich Nordrhein-Westfalen jedoch nur sehr oberflächlich und nicht umfangreich genug behandelte.

Abschließend analysiere ich ein Geografiebuch für das Gymnasium. Es handelt sich hierbei um „GEOGRAFIE: Mensch und Raum 5", aus dem Cornelsen Verlag aus dem Jahr 2000. Es ist aktuell und sehr umfangreich. Es beinhaltet zahlreiche Themen zu unserem Bundesland.

2. Lehrplan- und Richtlinienbezug für die Grundschule

Die Thematik, die in den verschiedenen Schulbüchern behandelt wird, lässt sich selbstverständlich in unterschiedlichen Bereichen in den Richtlinien, sowie im Lehrplan für Geografie bzw. Sachunterricht in der Grundschule wiederfinden.

Zu den angesprochenen Fähigkeiten und Fertigkeiten gehört in einem großen Maße das Erlernen des Umgangs mit Kartenmaterial und Tabellen. Daran schließt sich auch das

Sammeln und Verarbeiten von Informationen an. Das bewusste Wahrnehmen, Beobachten und Auswerten von Phänomenen ist eine wichtige Voraussetzung, die in den Richtlinien gefordert wird und im Unterricht genutzt werden kann und muss. Ebenso sollen die Schüler und Schülerinnen neben den Sachkenntnissen auch einen verantwortungsbewussten Umgang mit der Natur und den Ressourcen erlernen.

Im Richtlinienbereich „Raum und Umwelt" werden verschiedene Themen hervorgehoben. Diese sind: „Schule und Umgebung", „Ort und Welt", „Verkehrssicherheit", „Verkehrsmittel und- räume" und „Umweltschutz". Die Klassenstufen 1 und 2 beschränken sich dabei hauptsächlich auf das spielerische Entdecken und Sammeln von Erfahrungen. Außerdem steht das sachbezogene Ausprobieren im Vordergrund.

In den Klassenstufen 3 und 4 wird die Thematik und deren Behandlung spezieller und gezielter. Dem gezielten Herausarbeiten umfassender Zusammenhänge und Beziehungen der natürlichen, technischen und sozialen Phänomene der Lebenswirklichkeit wird hierbei zunehmend Bedeutung abverlangt.[1]

Bezogen auf den Lehrplan im Bereich „Nordrhein-Westfalen - Stadt und Land" wird von den Schülern und Schülerinnen das Zu- und Einordnen wichtiger Großlandschaften und Städte in Nordrhein-Westfalen abverlangt. Weiterhin wird gefordert, dass Unterschiede, Gemeinsamkeiten und wechselseitige Abhängigkeiten städtischer und ländlicher Lebensräume festgestellt werden können. Darüber hinaus soll die Bedeutung ländlicher Gebiete für Menschen und Tiere eingeschätzt werden können und die Auswirkungen industrieller Gütererzeugung auf die Lebens- und Arbeitsbedingungen der Menschen kennengelernt werden.[2]

3. DIERCKE Grundschulatlas, Westermann Schulbuchverlag GmbH, Braunschweig 2003

Der DIERCKE Grundschulatlas aus dem Westermann Schulbuchverlag behandelt das Themengebiet Nordrhein-Westfalen auf insgesamt 22 zusammenhängenden Seiten. Er beinhaltet keine weiterführenden oder vertiefenden Aufgabenstellungen. Ein Atlas wird als Ergänzung im Unterricht eingesetzt, daher sind Aufgaben nicht zwingend notwendig. Jedes

---

[1] vgl. Ministerium für Schule, Jugend und Kinder des Landes NRW (NR.2012): Richtlinien und Lehrpläne zur Erprobung: Grundschule
[2] vgl. Ministerium für Schule, Wissenschaft und Forschung des Landes NRW (NR.2002): Richtlinien und Lehrpläne Grundschule/ Sachunterricht

Thema erstreckt sich über eine Doppelseite und hat sehr kurze Text- und passende
Bildsequenzen. Leider fallen manche Texte zu kurz aus.

Es gibt eine Einführung in das Thema anhand einer doppelseitigen und übersichtlichen
physischen Karte des Bundeslandes[1]. Diese gewährleistet eine genaue Einordnung innerhalb
Deutschlands und zeigt in einer kindgerechten Legende die wichtigsten Kartenlesewerkzeuge.

Auch der Rhein, der für das Bundesland eine entscheidende Rolle spielt, wird eingangs durch
eine Aufzeichnung seines Verlaufs von der Quelle bis zur Mündung thematisiert[2].

Die folgenden behandelten Themenbereiche sind unter anderem: ‚Landschaften im Norden'[3]
und ‚Landschaften im Süden'[4]. Dazu gibt es erneut physische Karten zur Übersicht mit
kindgerechten Legenden. Es befinden sich am Rand der physischen Karten jeweils
Einordnungen von NRW innerhalb Deutschlands und eine Einteilung zwischen nördlichem
und südlichem Bereich des Bundeslandes. Zu den beiden Unterteilungen gibt es zahlreiche
Bildsequenzen und kurze Textabschnitte. Es werden exemplarisch Annette von Droste-
Hülshoff für die Stadt Münster im nördlichen NRW und Curtius Schulten für die Eifel im
südlichen Teil benannt. Problematisch ist hierbei der Textinhalt, da nicht alle Regionen des
Bundeslandes angesprochen werden. Es fehlen wichtige Bezeichnungen wie ‚Ruhrgebiet',
‚Niederrhein' und ‚Sauerland'. Wenn diese Regionen thematisiert werden, sollten sie jedoch
vollständig genannt werden und eindeutig zugeordnet werden können. Die Bilder tragen
oftmals nichtssagende Unterschriften wie: ‚Heckenlandschaft' oder ‚Laacher Maar'. Es ist
den Kindern an dieser Stelle unmöglich die Bilder den verschiedenen Regionen Nordrhein-
Westfalens zuzuordnen. Der Text gibt zwar Hinweise darauf, doch sie sind zum Teil schwer
ersichtlich.

Ein weiterer Themenbereich ist: „Köln – eine Großstadt"[5]. Im Mittelpunkt steht hier die
geschichtliche und räumliche Entwicklung der Stadt von der Legionsstadt der Römer um 350
bis hin zu der Großstadt von heute. Drei Figuren, die durch Kleidung und Accessoires der
jeweiligen Ära zugeordnet werden können zeigen die Ausbreitung der Stadt. Die Kinder
bekommen dadurch Identifikationsfiguren und können die chronologischen Ereignisse und
Zeiten um 350, 1100 und 1815 besser zuordnen und verstehen.

Es folgt der Themenbereich: „Im Naturpark"[6] mit dem Unterthema: „Landschaft nutzen –
Landschaft schützen". Die Schüler und Schülerinnen lernen die verschiedenen Eifelregionen

---

[1] DIERCKE Grundschulatlas, Westermann Schulbuchverlag GmbH, Braunschweig 2003, S. 10-11
[2] a.a.O., S. 10
[3] a.a.O., S. 12-15
[4] a.a.O., S. 16-19
[5] a.a.O., S. 20-21
[6] a.a.O., S. 22-23

sowohl durch eine physischen Karte, als auch durch Bildsequenzen kennen. Die einzelnen Regionen werden auf der Doppelseite ausführlich besprochen und ansprechend dargestellt. Die folgenden Themenbereiche bringen den Kindern verschiedene Karten nahe. Hierzu gehören Straßen- und Wanderkarten mit unterschiedlichen Maßstäben[1], sowie eine Wirtschafts- und Verkehrsnetzkarte[2]. Die Legenden erklären auf kindliche Art die Symbole und deren Bedeutungen.

Eine Spezialisierung des Raums Ruhrgebiet folgt auf einer Doppelseite[3]. Es geht hierbei um Erholung und Arbeit in einem Ballungsraum. Erneut zeigt eine Karte Bereiche wie Bodennutzung, Industrie-, Sport- und Erholungsbereiche und Verkehr auf. Die bildliche Aufteilung ist hier sehr gut gelungen. Bilder die sich mit dem Thema Erholung beschäftigen sind untereinander angeordnet und zeigen die Vielfalt des Ruhrgebiets: Erholung, Sport und Sehenswürdigkeiten. Die Bilder des Bereichs Arbeit sind ebenfalls zusammenhängend dargestellt und behandeln die Themen Dienstleistungen, Industrie und Bergbau. Dadurch bekommen die Schüler und Schülerinnen einen guten Überblick über Vielfalt und Zusammensetzung des Ruhrgebiets und lernen alle wichtigen wirtschaftlichen und privaten Sektoren kennen.

Zum Abschluss des Themenbereiches Nordrhein-Westfalen geht der DIERCKE Grundschulatlas auf die einzelnen Regierungsbezirke ein[4]. Dazu zählen Grenzen wie Staats-, Landes-, Regierungs- und Kreisgrenzen, sowie die Erläuterung zum Thema kreisfreie Städte und Autokennzeichen innerhalb des Bundeslandes. Hier werden die Wappen der angrenzenden Länder und Bundesländer gezeigt, jedoch nicht näher erläutert, was die Lehrperson in jedem Fall ergänzend ansprechen sollte. Das Abschlussthema bietet noch einmal einen guten Überblick über die Lage und die Zusammensetzung des Bundeslandes Nordrhein-Westfalen.

4. PUSTEBLUME – Das Sachbuch 4, Schroedel Schulbuchverlag GmbH, Hannover 1998

Die PUSTEBLUME ist ein Sachbuch für das 4. Schuljahr. Es behandelt die verschiedensten Themenbereiche im Sachunterricht. In der vierten Klasse wird das Thema: „Nordrhein-

---

[1] DIERCKE Grundschulatlas, Westermann Schulbuchverlag GmbH, Braunschweig 2003 , S. 24-25
[2] a.a.O., S. 26-27
[3] a.a.O., S. 28-29
[4] a.a.O., S. 30-31

Westfalen" erstmals in dieser Ausführlichkeit behandelt. Es erstreckt sich in diesem Buch über 28 zusammenhängende Seiten. Auch hierbei wird jedes Themengebiet auf einer Doppelseite behandelt. Es gibt einige Arbeitsaufträge, die sowohl vertiefend, als auch weiterführend angewendet werden können. Jeder Themenbereich endet mit einer sehr kurzen Zusammenfassung, in der die wichtigsten Merkmale einer Region in höchstens drei Sätzen genannt werden. Diese stehen in einem rotumrandeten Kasten am Seitenende und sind für die Kinder gut geeignet. Ebenfalls gibt es zu jedem Themenbereich einen weiterführenden Exkurs, der mit dem zuvor behandelten Thema in Verbindung zu bringen ist. Sei es die Plattdeutsche Sprache zum Thema „Das Münsterland" oder der Bau eines Gefaches. Es gibt eine sehr übersichtliche Einführung in das Thema: „Nordrhein-Westfalen"[1]. Anhand einer physischen Karte wird das Bundesland vorgestellt. Der Einstieg erfolgt durch das Kapitel: „Verkehrswege in Nordrhein-Westfalen"[2]. Eine Verkehrsnetzkarte mit aufbauenden Arbeitsaufträgen kann analysiert werden und die verschiedenen Verkehrswege Autobahn- und Bahnnetz, Flug- und Schiffsverkehrswege werden durch Bilder und Texte vorgestellt. Es wird ein ausführliches Wissen vermittelt und ansprechend illustriert.

Der Themenblock „Münsterland" gliedert sich in drei Bereiche: Informationen über das Münsterland allgemein, ein zweiseitiger Exkurs über den Fachwerkbau und die Stadt Münster[3]. Eine angemessene Aufteilung lässt sich leicht erkennen. Jedem Bild entspricht ein passender Textabschnitt. Diese Abschnitte sind deutlich voneinander getrennt und behandeln die wichtigsten Stationen der jeweiligen Region. Zum Themenbereich Münsterland lassen sich hier die Unterteilungen: „Wallhecken", „Wasserburgen", alte Gehöfte" und „veränderte Landwirtschaft" nennen. Die Stadt Münster wird sehr schön anhand einer begleitenden Zeitleiste dargestellt. Hier können die Schüler und Schülerinnen die bedeutendsten und einschneidendsten Ereignisse Münsters verfolgen. Eine Einteilung gibt es hier in die Bereiche „Münster früher" und „Münster heute", die sowohl durch Bilder, als auch durch Texte unterstützt wird.

Das Ruhrgebiet wird in zwei Bereiche aufgeteilt. Es wird die Entstehung der Steinkohle, deren Abbau und Bedeutung für das Ruhrgebiet behandelt, anschließend der Strukturwandel[4]. Die Entwicklung vom Kohlerevier hin zu einer Erholungsregion steht hierbei im Mittelpunkt des Interesses. Bilder zur Arbeit und zum Kohleabbau sind deutlich von den Bildern der Sehenswürdigkeiten und Erholungsräumen getrennt.

---

[1] PUSTEBLUME- Das Sachbuch 4, Schroedel Schulbuchverlag GmbH, Hannover 1998, S. 71-73
[2] a.a.O., S. 74-75
[3] a.a.O., S. 76-81
[4] a.a.O., S. 82-85

Der Rhein bildet als eigenständiges Thema ein Bindeglied zwischen dem Ruhrgebiet und der folgendes Region, dem Niederrhein. Er bildet für beide Regionen einen wichtigen Wirtschaftsfaktor und Lebensraum.

Der Niederrhein wird auf insgesamt acht Seiten behandelt[1]. Es werden drei hervorstechende Städte vorgestellt. Dazu gehört Düsseldorf als unsere Landeshauptstadt, mit dem internationalen Flughafen als wirtschaftlichen Faktor, sowie der Königsallee als bekannteste Luxusgeschäftsstraße. Dazu gehört ebenso die Stadt Köln, die durch ihre historischen Wurzeln hervorsticht und nun ein großes Wirtschaftszentrum für Nordrhein-Westfalen ist. Beide Städte werden mit einem großen aktuellen und zwei kleineren Bildern vorgestellt. Ebenso sind die Stadtwappen aufgezeichnet, jedoch nicht näher erläutert. Auch bei der Stadt Aachen ist das Stadtwappen abgebildet. Aachen steht ebenfalls für eine historisch alte und bedeutende Stadt. Auch ihre Bedeutung und Lage in einem Dreiländereck wird thematisiert und in den Mittelpunkt gerückt. Zum Niederrhein gehört auch der Braunkohleabbau. Auf dieser Doppelseite wird der Themenbereich jedoch sehr negativ dargestellt. Lediglich in vier Sätzen wird die Notwendigkeit und Nützlichkeit des Abbaus genannt. Diese negative Behandlung könnte bei Schülern und Schülerinnen der vierten Grundschulklasse ein falsches Bild erwecken. Ich denke, ein ausgewogenes Verhältnis zwischen positiven und negativen Folgen und Zuständen im Braunkohleabbau sollte gewährleistet sein. Die Schäden in der Natur sollten keineswegs verschwiegen werden, doch der Nutzwert und die Wichtigkeit des Abbaus sollte dagegen stehen, ebenso wie die Renaturierung der ehemaligen Abbaugebiete. Die letzten zwei Kapitel behandeln die Wälder des Bergischen Landes[2] und die Talsperren des Sauerlandes[3]. Auffällig ist, dass die einzelnen vorgestellten Regionen Nordrhein-Westfalens nur unregelmäßig mit einer physischen Karte eingeführt werden. Es ist jedoch empfehlenswert jede Region zur besseren Einordnung und Übersicht mit einer Karte zu versehen. Gut gelungen ist bei diesem Sachbuch die Gliederung der jeweiligen Themenbereiche. In etwa drei bis fünf Abschnitten werden zu jedem Thema die grundlegenden und spezifischen Merkmale einer Region mit Unterstützung von ansprechenden Bildern gezeigt. Die Schüler und Schülerinnen können so eine gute Übersicht über die Regionen und deren Auszeichnungen bekommen.

---

[1] PUSTEBLUME – Das Sachbuch 4, Schroedel Schulbuchverlag GmbH, Hannover 1998, S. 88-95
[2] a.a.O. , S. 96-97
[3] a.a.O., S. 98-99

5. Mensch und Raum, Geografie 5/6, Hauptschule Nordrhein-Westfalen, Cornelsen Verlagsgesellschaft, Bielefeld 1996

Das Buch Mensch und Raum, Geografie 5/6 für die Hauptschule behandelt das Thema Nordrhein-Westfalen nicht mehr in einem zusammenhängenden Themenblock. Es werden ebenso nicht alle in der Grundschule angesprochenen Themenbereiche noch einmal behandelt. Exemplarisch werden Regionen oder Thematiken ausgewählt, die vertiefend erarbeitet werden können. Es gibt keine Einführung in das Thema Nordrhein-Westfalen. Das Buch beginnt mit der Unterrichtssequenz: „Wohnumfeld und Nahraum"[1]. Hierbei soll der Wohnort und dessen Umgebung, sowie die unterschiedliche Lebensweise in Stadt und Land genauer erkundet werden. Problematisch wird es mit diesem Lehrwerk gleich zu Beginn der Unterrichtseinheit, da das gesamte Kapitel zu diesem Oberthema nur am Beispiel der Stadt Kleve behandelt wird. Liegt die Schule nun nicht in Kleve, erscheint dieses Kapitel unangemessen und unbrauchbar. Es ist durchaus legitim eine Stadt als Beispiel zu thematisieren, doch es wird an der Stelle problematisch, wo dieses Exemplar ein gesamtes Kapitel zu folgenden Unterthemen einschließt: „Verkehrswege", „Erholungsräume", „geschichtliche Einbettung unseres Wohnortes" und „die Umgebung des Ortes". Letztendlich wird die Stadt Düsseldorf als Groß- und Landeshauptstadt aufgeführt. Diese wird ausführlich in drei Kategorien behandelt. Hierzu zählt die Stadt und ihr Aufbau, ihre Sehenswürdigkeiten und die wirtschaftlichen Faktoren. Die Bilder zeigen das Rheinufer, die Altstadt, das Rheinstadion und einen Stadtplan von der Innenstadt, mit dem die Schüler und Schülerinnen sich orientieren und weitere Aufgaben erledigen können. Des Weiteren geht es um die Verkehrsprobleme und die Ver- und Entsorgung in der Stadt. Zur besseren Identifizierung mit dem Sachgegenstand werden die Sachtexte durch Berichte von Schülern, Anwohnern oder Experten untermauert und durch Erlebnisgeschichten von Kindern aufgelockert. Es geht im folgenden Abschnitt nicht nur um einen Mann der innerhalb NRWs pendeln muss, sondern um Herrn Schröder, der drei Monate nach dem Umzug mit seiner Familie zum Pendler zwischen Bochum und Dortmund wird[2]. Im Text werden Fremd- oder Fachwörter fett markiert. Diese werden am Seitenrand in einem farbigen Kasten kurz erläutert. Dies stellt eine gute Orientierung für die Schüler und Schülerinnen dar.

Ein weiterer Themenblock, der sich auf das Bundesland Nordrhein-Westfalen bezieht, beschäftigt sich mit Freizeit und Erholung. Hierzu werden ausgewählte Regionen benannt und

---

[1] Mensch und Raum, Geografie 5/6, Hauptschule Nordrhein-Westfalen, Cornelsen Verlagsgesellschaft, Bielefeld 1996, S. 6 ff.
[2] a.a.O., S. 48-49

spezifiziert. Zu Beginn wird die Erholung in der Stadt Hagen angesprochen[1]. Der Sachverhalt wird in eine Geschichte von Frank, Sabine und deren Besuch von Onkel Herbert und Tante Marianne verpackt. Dazu gibt es eine Freizeitkarte der Stadt und drei aussagekräftige Bilder, die die Geschichte unterstützen. Es folgt der Naturpark Schwalm-Nette[2]. Der Park und dessen Lage wird in einer physischen Karte dargestellt. Auch die Besucher- und landschaftliche Vielfalt wird festgehalten. Eine Freizeitkarte zeigt die Ausflugsmöglichkeiten und abschließend wird der Landschafts- und Naturschutz in Bezug auf den Naturpark Schwalm-Nette thematisiert. Die Kinder erfahren Wissenswertes über Naturschutz und die Freizeitmöglichkeit im Naturpark. Ebenso ausführlich und übersichtlich wird der Revierpark Wischlingen erläutert[3]. Sehr gut ist die Angabe der Adresse und Telefonnummer, sowie ein Plan des Parks, so kann er von den Kindern besucht werden und bleibt nicht eine fiktive Thematik aus dem Erdkundebuch.

Der Themenbereich: „Landwirtschaft in unterschiedlichen Räumen" hat sich sehr stark spezialisiert[4]. Auf Nordrhein-Westfalen bezogen behandelt das Buch die Bereiche: „Viehwirtschaft im Sauerland"[5] und „Ackerbau in der Soester Börde"[6]. Diese Beschränkungen zeigen, dass dies die führenden und bekanntesten Einsatzgebiete innerhalb der Landwirtschaft zu sein scheinen. Bei letztgenanntem Thema werden zusätzlich verschiedene Bodenarten angesprochen, wobei der Lössboden genauer untersucht wird. Bei beiden Thematiken werden Berichte von Bauern herangezogen. Eine weitere Spezialisierung erhält das Thema: „Ackerbau in der Soester Börde" durch das Kapitel: „Zucker aus der Börde". Hierbei wird eine Zuckerfabrik vorgestellt und die Verwertung der Zuckerrüben erläutert. Die Schüler und Schülerinnen erhalten einen Einblick in Arbeitsmethoden und Verarbeitungsmechanismen innerhalb der Landwirtschaft. Da es sich um ein Buch für die Hauptschule handelt, wäre es möglich, dass diese praktischen Informationen in einem späteren beruflichen Umfeld von Nutzen sein können. Es wird Wert darauf gelegt, zahlreiche Einblicke in verschiedene Arbeitsbereiche zu geben.

Der letzte Themenbereich befasst sich mit dem Bergbau und der Industrie im Ruhrgebiet[7]. Zur Einführung in dieses Thema wird ein Steinkohlebergwerk näher beleuchtet. Ein Querschnitt zeigt den Aufbau und auch die unterirdischen Schächte und Sohle. Nach einem

---

[2] Mensch und Raum, Geografie 5/6, Hauptschule Nordrhein-Westfalen, Cornelsen Verlagsgesellschaft, Bielefeld 1996, S. 68-69
[2] a.a.O., S. 70-74
[3] a.a.O., S. 76-77
[4] a.a.O., S. 106 ff.
[5] a.a.O., S. 112-115
[6] a.a.O., S. 116-119
[7] a.a.O., S. 138-147

Querschnitt durch das gesamte Ruhrgebiet und der Erklärung der Steinkohleschichten in der Erde wird die Entstehung der Steinkohle in Text und Zeichnung behandelt. Der Text ist leicht verständlich und flüssig zu lesen. Abschließend wird die Nutzung der Kohle thematisiert und deren Verarbeitung angesprochen. Zeichnungen zeigen den Schülern und Schülerinnen deutlich den Weg der Kohle vom Bergwerk zum Verbraucher[1]. Die Verarbeitung wird in eindrucksvollen Bildern gezeigt. Das gesamte Themengebiet „Kohle" wird ausführlich besprochen. Die Kinder erhalten ein umfassendes Bild von der Entstehung, über den Abbau, die Verarbeitung und die Nutzung der Kohle.

Die Texte dieses Buchs sind ansprechend und kindgerecht gestaltet. Aufgelockert durch Berichte verschiedener Personen tragen sie zu einer leichteren Identifizierung spezifischer Sachverhalte bei. Texte werden mit aussagekräftigen Grafiken und Daten ergänzt. Diese befinden sich in einem angemessenen Rahmen und einer angemessenen Anzahl. Die Textschrift ist groß und übersichtlich gehalten.

In den Klassen 7/8 wird im Rahmen des Geografiebuches das Thema: „Der Wert von Räumen ändert sich" – „Das Sauerland – Vom Köhlerwald zum Erholungswald" thematisiert[2]. In den Klassen 9/10 wird der Strukturwandel im Ruhrgebiet behandelt[3]. Unter der Überschrift: „Unterschiedliche Voraussetzungen – unterschiedliche Entwicklungen" werden Bereiche angesprochen wie: „Die Krise im Ruhrgebiet", „Industriepark Unna", „Vom Kohlenpott zur High-Tech-Region" und „Der Emscherpark". Dieses, im Gegensatz zu den Klassenstufen 7/8, umfangreiche Themengebiet wird im Unterricht erneut angesprochen. Das Ruhrgebiet ist ein prägender und tragender Sektor im Bundesland Nordrhein-Westfalen und bekommt daher besondere Aufmerksamkeit.

6. Mensch und Raum, SEYDLITZ 5/6, Realschule Nordrhein-Westfalen, Cornelsen & Schroedel GmbH & Co., Geogr. Verlagsgesellschaft KG, Berlin 1990

Das Geografieschulbuch Mensch und Raum 5/6 für die Realschulen in Nordrhein-Westfalen ist vom Cornelsen und Schroedel Verlag. Es behandelt verschiedene Themenbereiche zu dem Bundesland Nordrhein-Westfalen in nicht zusammenhängenden Kapiteln. Es werden nicht alle Regionen thematisiert. Exemplarisch werden die wichtigsten und bedeutendsten Stationen

---

[1] Mensch und Raum, Geografie 5/6, Hauptschule Nordrhein-Westfalen, Cornelsen Verlagsgesellschaft, Bielefeld 1996, S. 145
[2] Mensch und Raum, Geografie 7/8, Hauptschule Nordrhein-Westfalen, Cornelsen Verlagsgesellschaft, Bielefeld 1998, S. 96-99
[3] a.a.O., S. 78-87

aufgeführt. Es gibt keine Einführung und Einordnung in das Thema. Nachdem geografische Grundlagen besprochen wurden beginnt der Themenkomplex „Erholung". Unter der Überschrift „Erholung am Rand des Ruhrgebiets" werden Beispiele aufgeführt, die ebenso im Schulbuch der Hauptschule zu finden sind. Die Bildsequenzen und Themenschwerpunkte sind bei dem Haupt- und Realschulbuch identisch. Die Stadt Hagen wird als Erholungsort vorgestellt. Ein Stadtplan zeigt Freizeitangebote und zwei Bilder zeigen den Volme- und Ischelandpark von Hagen[1]. Weiterhin gehört der Naturpark Schwalm-Nette zum Erholungsraum. Ein Lageplan und eine Tabelle über den Erholungsverkehr zeigen den Einzugsbereich des Naturparks und dessen Popularität[2]. Zum Abschluss des Themenblocks Erholung werden auf einer Karte die zahlreich vorhandenen Naturparke in Deutschland und explizit in Nordrhein-Westfalen vorgestellt und, ebenso wie im Hauptschulbuch, wird der Landschafts- und Naturschutz thematisiert[3]. Fremd- oder Fachworte werden fett im Text hervorgehoben. Sie werden jedoch nicht näher erklärt, wie es im Buch der Hauptschule vorkommt. Auffällig im Vergleich ist auch, dass die Texte in einer kleineren Schriftgröße geschrieben sind und komplexer sind. Die anschließenden Aufgabenstellungen sind zweigeteilt und deutlich markiert. Es gibt vertiefende Aufgaben, die mit Kartenmaterial oder dem Textinhalt operieren. Dazu gibt es gesondert gekennzeichnete Aufgaben, die die Schüler und Schülerinnen zu weiterführendem Denken und produktivem Handeln anhalten.

Ein weiteres Themengebiet im Rahmen NRWs sind die Versorgungsstrukturen, wobei die Stadt Paderborn als Vorbild bzw. Beispiel dient[4]. Es wird über die Aufgaben der Stadt, Begüterung und Ver- und Entsorgung berichtet. Es wird dazu zahlreiches und aussage-kräftiges Kartenmaterial gezeigt. Die Texte sind umfangreich und beinhalten Zahlen und Fakten, mit denen die Schüler und Schülerinnen arbeiten können. Der Themenkomplex vermittelt ein ausreichendes Wissen über die verschiedenen Aufgabenbereiche einer Stadt.

Das dritte Kapitel im Bereich Nordrhein-Westfalen widmet sich der Landwirtschaft. Hierbei beschränkt sich der Autor des Buches auf nur ein Themenfeld: „Feldfruchtbau in einer Börde"[5], mit dem Schwerpunkt: Lössböden in der Soester Börde. Dieses ausgewählte Thema wird jedoch ausführlich behandelt. Bodennutzungskarten, eine Klimatabelle, eine Fruchtfolgenübersicht und Bilder von landwirtschaftlichen Betrieben und Maschinen bei der Feldarbeit geben einen Eindruck über die Aufgaben und Arbeiten in der Landwirtschaft. Die

---

[1] Mensch und Raum, SEYDLITZ 5/6, Realschule Nordrhein-Westfalen, Cornelsen & Schroedel GmbH & Co., Geogr. Verlagsgesellschaft KG, Berlin 1990, S. 20-21
[2] a.a.O., S. 22
[3] a.a.O., S. 26-27
[4] a.a.O., S. 46 - 53
[5] a.a.O., S. 72-75

Texte werden von Personenberichten aufgelockert. Hier erzählt Bauer Wiemer von seinem landwirtschaftlichen Betrieb und seiner Arbeit. Die Häufigkeit dieser Berichte zur besseren Identifizierung des Themeninhalts sind im Gegensatz zum Hauptschulbuch deutlich geringer vorhanden.

Auch in der Realschule darf das Thema Bergbau nicht fehlen. Das Kapitel: „Durch Bergbau bestimmte Räume"[1] bearbeitet verschiedenste Bereiche des Kohleabbaus. Auf Nordrhein-Westfalen bezogen sind dies „Braunkohle in der Kölner Bucht (...)"[2] und „Steinkohle im Ruhrrevier"[3]. Das erstgenannte Kapitel wird sehr ausführlich angegangen. Als Einstieg wird die Entstehung, sowohl der Braun-, als auch der Steinkohle erläutert. Auch hier sind Zeichnungen zur Verdeutlichung zu Hilfe genommen worden. Etwas unglücklich ist jedoch die Aufteilung des dazugehörigen Textabschnittes. Dieser wurde nicht eindeutig auf die einzelnen Bilder abgestimmt und berichtet zusammenhängend über die Entstehung der Kohle bzw. der verschiedenen Erdschichten. Nach der Vorstellung des rheinischen Braunkohlereviers durch Karte und Text, wird das Revier eingegrenzt auf den Tagebau Hambach bei Jülich. Anhand eines Ausflugsberichts einer sechsten Realschulklasse werden Arbeit und Geräte des Tagebaus erläutert. Am Beispiel des Dorfes Lich-Steinstraß werden auf einer weiteren Doppelseite die Auswirkungen des Braunkohleabbaus aufgezeigt[4]. Innerhalb des Textes gleichen sich Vor- und Nachteile der Stadtumsiedlung und der Landschafts-zerstörung aus. Die Betroffenheit der Anwohner steht der Schilderung der Notwendigkeit des Kohleabbaus eines Umsiedlungsberaters gegenüber. Das anschließende Kapitel über die Steinkohle im Ruhrrevier beschränkt sich nach einer allgemeinen Einführung auf das Bergwerk Walsum bei Dinslaken. Identisch mit dem Hauptschulbuch ist hier die Grafik „Vom Bergwerk zum Verbraucher"[5], was den Weg der Kohle von ihrem Fundort bis zu ihrer Umsetzung in Heizwärme und Weiteres beschreibt. Bilder des Bergwerks Walsum zeigen eindrucksvoll die mächtige Maschinerie. Ebenso wird die Ausdehnung von 1977 bis 1983 thematisiert und schematisch und tabellarisch dargestellt. Die Schüler und Schülerinnen können die Ausmaße eines solchen Bergwerks gut erkennen und realisieren.

Das letzte Thema das sich mit Nordrhein-Westfalen beschäftigt ist: „Güterverkehr als Mittler zwischen Wirtschaftsräumen"[6]. Als besonders ansprechend gilt hier der Duisburg-Ruhrorter

---

[1] Mensch und Raum, SEYDLITZ 5/6, Realschule Nordrhein-Westfalen, Cornelsen & Schroedel GmbH & Co., Geogr. Verlagsgesellschaft KG, Berlin 1990, S. 104 ff.
[2] a.a.O., S. 106-112
[3] a.a.O., S. 114-117
[4] a.a.O., S. 110-111
[5] a.a.O., S. 114/115
[6] a.a.O., S. 132 ff.

Hafen, der als der größte Binnenhafen Europas vorgestellt wird[1]. Eine Luftaufnahme verdeutlicht die Hafengröße, Zeichnungen von verschiedenen Binnenschiffen zeigen die Ausmaße der Schiffe, sowie der Ladungen die sie transportieren können. Die unterschiedlichen Themenbereiche werden ausführlich und umfassen behandelt. Die bedeutendsten Stationen des Bundeslandes werden angesprochen, wie etwa die Kohle, die einen wichtigen wirtschaftlichen Faktor darstellte und heute noch darstellt. Auch Europas größter Binnenhafen in Duisburg, die besten Böden innerhalb der Landwirtschaft in der Soester Börde, sowie Naturparke und Erholungseinrichtungen am Niederrhein werden angesprochen und bieten eine umfassende Übersicht über die Bedeutung Nordrhein-Westfalens.

In den Klassen 7/8 wird im Rahmen dieses Schulbuchs nicht weiter auf Themen Nordrhein-Westfalens eingegangen. In der Klassenstufe 9/10 werden dagegen die Themen: „Soziografische Untersuchungen" am Beispiel der Stadt Düsseldorf[2], „Planung eines Freizeitparks" am Beispiel der Stadt Xanten[3] und „Das Ruhrgebiet im Wandel"[4] aufgeführt. Auch hier scheint das Ruhrgebiet ein übergreifendes Thema zu sein, welches in einer höheren Klassenstufe erneut wieder aufgegriffen wird.

7. GEOGRAFIE: Mensch und Raum 5, Gymnasien NRW, Cornelsen Verlag, Berlin 2000

Das Geografieschulbuch Mensch und Raum 5 für Gymnasien in Nordrhein-Westfalen behandelt das Themengebiet NRW ebenfalls in nicht zusammenhängenden Kapiteln. Es bietet den Schülern und Schülerinnen jedoch schon auf der ersten Seite einen Überblick über das Bundesland durch eine physische Karte. In einem angrenzenden Text werden die wichtigsten Daten und Fakten über Nordrhein-Westfalen vorgestellt. In diesem Schulbuch gibt es vier Themenkomplexe die sich mit dem Bundesland beschäftigen. Das Erste handelt vom „Zusammenleben in Stadt und Land", wobei die Städte Herdecke, Düsseldorf und Kapellen als Beispielstädte dienen. Dies zeigt eine gute Umsetzung des Themenblocks Stadt und Land, was in dem Hauptschulbuch nicht gewährleistet ist. Die Texte werden auch hier durch

---

[1] Mensch und Raum, SEYDLITZ 5/6, Realschule Nordrhein-Westfalen, Cornelsen & Schroedel GmbH & Co., Geogr. Verlagsgesellschaft KG, Berlin 1990 , S. 134
[2] Mensch und Raum, SEYDLITZ 9/10, Realschule Nordrhein-Westfalen, Cornelsen & Schroedel GmbH & Co., Geogr. Verlagsgesellschaft KG, Berlin 1992, S. 8-17
[3] a.a.O., S. 32-39
[4] a.a.O., S. 64-73

14

Berichterstattungen von Schülern und Anwohnern aufgelockert und ansprechender gestaltet. Zum Thema „Unser Wohnort" wird die Beispielstadt Herdecke aufgeführt, sie zeigt jedoch in Bildern die unterschiedlichsten Wohnräume wie etwa ein Hochhaus, Fachwerk- und Einfamilienhaus sowie einen Bungalow. Die Vielfalt und Unterschiedlichkeit innerhalb einer Stadt wird hierbei herausgearbeitet. Anschließend folgt der Vergleich Stadt – Land mit den exemplarisch aufgeführten Städten Düsseldorf und Kapellen. Zunächst wird Düsseldorf als eine Stadt mit vielen Gesichtern vorgestellt[2]. Ein Stadtplan leitet das folgende Thema ein, das die verschiedenen Stadtviertel thematisiert und schließt mit der Behandlung des Verkehrs und der Verkehrsprobleme einer bedeutenden Großstadt ab. Nachdem auch noch Berlin als Großstadt angesprochen wird, wird der Lebensraum Dorf dem gegenüber gestellt. Hierbei liegt der Schwerpunkt auf der Entwicklung und Veränderung des Dorfs Kapellen von früher bis heute. Stadtkarten aus den Jahren 1845 und 1993 zeigen eine deutliche Verstädterung und Ausbreitung der Menschen. In diesem Zusammenhang wird das Thema Denkmalschutz angesprochen, sowie das in Dörfern häufig anzutreffende Pendlerleben, da Arbeitsplätze in ländlicher Umgebung rar sind.

Der zweite Themenblock im Rahmen Nordrhein-Westfalens beschäftigt sich mit „Arbeit und Versorgung in Agrarräumen"[3]. Hierzu lassen sich verschiedenste Themen nennen, die im gymnasialen Schulbuch Anklang finden. Ähnlich wie bereits im Realschulbuch wird der Ackerbau in der Soester Börde thematisiert. Die Texte und Bilder sind dem Realschulbuch ähnlich. Die Verwertung der Zuckerrübe, die Thematisierung des guten Lössbodens, sowie eine grafische Auflistung der Bodennutzung in den Börden sind hier die Hauptbestandteile des Kapitels. Der Text führt die Schüler und Schülerinnen durch eine geografische Einordnung der Soester Börden ein:

> „Die Soester Börde erstreckt sich von östlichen Rand des Ruhrgebiets bis Paderborn. Im Norden
> bildet die Lippe, im Süden das Sauerland die Grenze, Mittelpunkt ist die Kreisstadt Soest."[4].

Es schließt sich eine Doppelseite mit dem Thema: „Ein Gemischtbetrieb im Münsterland" an[5]. In diesem Text werden die verschiedenen landwirtschaftlichen Betriebsarten geklärt, wie ein Vollerwerbsbetrieb, ein Gemischtbetrieb, sowie die Aufgaben und Fruchtfolgen auf solch einem Hof. Zur besseren Identifikation wird der Hof von Bauer Tenhaken in Text und Bild vorgestellt. So wird ein besserer Zugang für die Kinder ermöglicht. Weitere Themenbereiche

---

[1] GEOGRAFIE: Mensch und Raum 5, Gymnasien NRW, Cornelsen Verlag, Berlin 2000, S. 12-13
[2] a.a.O., S. 14-15
[3] a.a.O., S. 32 ff.
[4] a.a.O., S. 44
[5] a.a.O., S. 48

sind die Weihnachtsbäume aus dem Sauerland[1] und der ökologische Landbau am Beispiel des Ökohofs Ohler Mühle im Ruhrtal bei Hennen[2]. Die Kinder erhalten einen sehr umfangreichen und vielschichtigen Überblick über die landwirtschaftlichen Arbeiten und Betriebe. Auch außerhalb des Themenbereichs NRW werden viele unterschiedliche landwirtschaftliche Nutzungsarten und Arbeits- und Lebensbereiche angesprochen. Grafiken und Bebilderungen tagen zu einem umfassenden Wissen bei und erleichtern den Schülern und Schülerinnen das Verständnis, denn die Texte sind komplex gehalten und sehr informativ gestaltet.

Das Kapitel: „Arbeit und Versorgung in Industrieräumen" schließt einen Wohnungswechsel innerhalb des Ruhrgebiets von Herrn Hommel mit ein, sowie die Kohle und der Stahl vom Ruhrgebiet, welcher sich in weitere Unterkapitel gliedert. Text und Bilder, sowie Zeichnungen zeigen die Arbeit beim Kohleabbau über und unter Tage[3]. Der Schnitt durch ein Steinkohlebergwerk zeigt alle Stationen, entsprechende Beschriftungen helfen den Kindern die einzelnen Gerätschaften und Bauten zu unterscheiden. Im Text werden Fremd- und Fachwörter fett hervorgehoben. Sie werden jedoch nicht, wie es im Hauptschulbuch der Fall ist, am Seitenrand übersichtlich erläutert. Die weiteren Unterkapitel dieses Themenbereichs sind: „Steinkohle – ein Rohstoff für die Zukunft?"[4] und „Vom Erz zum Edelstahl"[5]. Gut herausgearbeitet sind im ersten Unterkapitel der Querschnitt durch das Kohlengebirge im Ruhrgebiet und die Übersicht über Steinkohlebergwerke und Stahlwerke im Ruhrgebiet[6]. Dies zeigt den Schülern und Schülerinnen deutlich die Ausbreitung des Kohleabbaus, besonders im Ruhrgebiet. Dadurch kann auch die Bedeutung der Kohle für diese Region Nordrhein-Westfalens besser erläutert, hinterfragt und verstanden werden.

Das letzte Kapitel des Buches, das das Bundesland Nordrhein-Westfalen beinhaltet, trägt den Titel „Freizeitgestaltung in Nah- und Fernerholungsräumen". Dazu zählen zwei Unterkapitel: „Naherholung in einer Großstadt? - Bonn"[7] und „Revierpark Gysenberg"[8]. Die Naherholung in einer Großstadt wird als selbstverständlich und angenehm dargestellt. Es soll deutlich werden, dass auch eine Großstadt positive Bereiche ansprechen kann und eine ruhige und ausgelassene Erholungsstimmung verbreiten und gewährleisten kann. Das Kapitel startet mit einem Stadtplakat als Aufhänger und Blickfang. Der Titel lautet: „Wir in Bonn – Unsere

---

[1] GEOGRAFIE: Mensch und Raum 5, Gymnasien NRW, Cornelsen Verlag, Berlin 2000, S. 62-63
[2] a.a.O., S. 64-65
[3] a.a.O., S. 74
[4] a.a.O., S. 76-77
[5] a.a.O., S. 78-79
[6] a.a.O., S. 76
[7] a.a.O., S. 118-121
[8] a.a.O., S. 122-123

Wälder, Parks und Promenaden ..."[1]. Es schließen sich zahlreiche aussagekräftige und eindeutig überzeugende Bildsequenzen an. Es werden das Bonner Schloss, das Rheinufer, der Rheinauepark, die Godesburg und Grillplätze im Kottenforst gezeigt. Ein anschließend angeführter Stadtplan auf Seite 120 zeigt die großflächige Begrünung am Rande der Stadt Bonn. Auch die Umgebung wird dargestellt und mit ihren Ausflugsmöglichkeiten zu Erholungs- und Erlebniszwecken vorgestellt.

Auch der Gysenbergpark bei Herne wird durch ein Luftbild und einen Plan umfassend dargestellt und erläutert. Ein einführendes Informationsblatt gibt dem Leser zu Beginn alle wichtigen Informationen und Stationen dieses Parks wieder.

Die in diesem Schulbuch behandelten Themengebiete sind sehr umfangreich, abwechslungsreich und speziell. Die Schüler und Schülerinnen erhalten einen umfassenden Überblick über die Vielfalt unseres Bundeslandes. Im Vergleich zu dem Hauptschulbuch lässt sich eine deutliche Vertiefung in den einzelnen Themengebiete erkennen, sowie eine Spezifizierung. Textuell lässt sich in diesem Schulbuch eine Fülle von Fakten, Grafiken und Daten erkennen, womit in dem Hauptschul- und auch stellenweise in dem Realschulbuch zurückhaltender umgegangen wird. Auch hierbei werden Sachtexte durch Erzählungen aufgelockert, doch nicht mehr in der Fülle, in der es in den anderen von mir untersuchten Schulbüchern der Fall ist.

In der Jahrgangsstufe 9 werden verschiedenste Themenbereiche erneut aufgegriffen oder erweitert. Diese sind: „Räume im Wandel: Der Kohlenpott – Abschied vom Klischee"[2], „Die Stadt als Lebensraum: Eine Stadt entwickelt sich – Köln"[3], „Stadt und Umland: Münster und das Münsterland"[4] und ein vertiefender Exkurs zum Thema: „Raumanalyse: Wir untersuchen die Wasserver- und –entsorgung in Dortmund im Ruhrgebiet"[5].

---

[1] GEOGRAFIE: Mensch und Raum 5, Gymnasien NRW, Cornelsen Verlag, Berlin 2000, S. 118
[2] GEOGRAFIE: Mensch und Raum 9, Gymnasien NRW, Cornelsen Verlag, 2. Aufl., Berlin 2002, S. 44-49
[3] a.a.O., S. 108-111
[4] a.a.O., S. 130-132
[5] a.a.O., S. 182-193

8. Fazit

Der Themenbereich „Ruhrgebiet" scheint durch alle Schulstufen und Schultypen hindurch eine umfassende und bedeutende Thematik darzustellen. Auch der landwirtschaftliche Bereich wird ausführlich besprochen. Er bietet neben der Kohle einen, für Nordrhein-Westfalen wichtigen wirtschaftlichen Faktor.

Die thematischen Schwerpunkte werden jedoch in den verschiedenen Schultypen in unterschiedliche Bereiche gelegt. Die Grundschule gibt einen groben, aber guten Überblick über die Vielfalt des Bundeslandes Nordrhein-Westfalen. Die einzelnen Regionen und wirtschaftlichen Faktoren werden den Schülern und Schülerinnen fachgerecht und kindgerecht vorgestellt.

Das von mir untersuchte Hauptschulbuch legt Wert auf Übersichtlichkeit und spricht daher nur wenige Thematiken innerhalb des Bundeslandes an. Ein Schwerpunkt liegt meines Erachtens hierbei im Bereich des eigenen Wohnumfeldes und des Nahraumgebiets. Die Schüler und Schülerinnen brauchen einen Identifikationspunkt, den der eigene Wohnort darstellen kann. Neben dem Ruhrgebiet und dem Kohleabbau, werden noch zwei Arten der landwirtschaftlichen Arbeit angesprochen. Damit ist der Komplex Nordrhein-Westfalen bereits ausgeschöpft.

Das Buch für die Realschulen in Nordrhein-Westfalen legt andere Schwerpunkte. Im landwirtschaftlichen Bereich werden, im Vergleich zum Hauptschulbuch, zwei deutlich verschiedene Themen bearbeitet. Im Komplex Ruhrgebiet wird zwischen Braun- und Steinkohle unterschieden und verschiedene Versorgungsstrukturen werden angesprochen.

Das Buch für Gymnasien scheint sehr umfangreich zu sein. Es thematisiert vier verschiedene landwirtschaftliche Bereiche, unterscheidet zwischen Nah- und Fernerholung, und Stadt und Land. Die Kapitel sind breit gefächert.

Auffällig ist, dass mit aufsteigendem Schultypus die Thematik, die Vertiefung und auch der textuelle Anspruch steigt. Der Inhalt und die Komplexität der Schulbücher scheint mir jedoch für die einzelnen Schultypen geeignet zu sein. Es lassen sich an einigen Stellen Kritiken und kleinere Schwachstellen anmerken, doch oberflächlich betrachtet sind sie umfassend und sachgerecht an die entsprechende Schülerschaft angepasst.

Literaturverzeichnis

DIERCKE Grundschulatlas, Westermann Schulbuchverlag GmbH, Braunschweig 2003

GEOGRAFIE: Mensch und Raum 5, Gymnasien NRW, Cornelsen Verlag, Berlin 2000

GEOGRAFIE: Mensch und Raum 9, Gymnasien NRW, Cornelsen Verlag, Berlin 2000

Mensch und Raum, Geografie 5/6, Hauptschule Nordrhein-Westfalen, Cornelsen Verlagsgesellschaft, Bielefeld 1996

Mensch und Raum, Geografie 7/8, Hauptschule Nordrhein-Westfalen, Cornelsen Verlagsgesellschaft, Bielefeld 1996

Mensch und Raum, Geografie 9/10, Hauptschule Nordrhein-Westfalen, Cornelsen Verlagsgesellschaft, Bielefeld 1996

Mensch und Raum, SEYDLITZ 5/6, Realschule Nordrhein-Westfalen, Cornelsen & Schroedel GmbH & Co., Geogr. Verlagsgesellschaft KG, Berlin 1990

Mensch und Raum, SEYDLITZ 9/10, Realschule Nordrhein-Westfalen, Cornelsen & Schroedel GmbH & Co., Geogr. Verlagsgesellschaft KG, Berlin 1990

Ministerium für Schule, Jugend und Kinder des Landes NRW (NR.2012): Richtlinien und Lehrpläne zur Erprobung: Grundschule

Ministerium für Schule, Wissenschaft und Forschung des Landes NRW (NR.2002): Richtlinien und Lehrpläne Grundschule/ Sachunterricht

PUSTEBLUME – Das Sachbuch 4, Schroedel Schulbuchverlag GmbH, Hannover 1998

19

Kurs: Natur- und Lebensraum Westfalen
Referentin: Julia Parschmann
Thema: Westfalen und NRW im Spiegel geogr. Schulbücher und Atlanten

DIERCKE Grundschulatlas. Westermann Schulbuchverlag GmbH, Braunschweig 2003
- Einführung: Nordrhein-Westfalen – eine physische Karte
- Einteilung der Themenbereiche auf 22 Seiten:
  - o Landschaften im Norden / Landschaften im Süden
  - o Köln – eine Großstadt (Köln um 350 / 1100 / 1815 / heute im Vergleich)
  - o Im Naturpark (Vorstellung der verschiedenen Eifelregionen)
  - o Straßen- und Wanderkarten und deren Unterschiede
  - o Wirtschaft und Verkehr in Nordrhein-Westfalen
  - o Arbeiten und Erholen in einem Ballungsraum
  - o Staaten – Länder – Kreise – Städte
- kurze und einfache Textsequenzen; kindgerechte Legende
- Probleme: Es fehlen Landschaftsbezeichnungen; keine Arbeitsaufträge; die einzelnen Landschaften NRWs werden nicht explizit thematisiert; den Schülern und Schülerinnen wird es kaum möglich sein, die Bilder den Textabschnitten und den entsprechenden Landschaftsabschnitten zuzuordnen

PUSTEBLUME – Das Sachbuch 4. Schroedel Schulbuchverlag GmbH, Hannover 1998
- Einführung: Das Bundesland Nordrhein-Westfalen – eine physische Karte
- Einteilung der Themenbereiche auf 28 Seiten:
  - o Verkehrswege in Nordrhein-Westfalen
  - o Im Münsterland
  - o Wie Fachwerk gebaut wird
  - o Die Stadt Münster (Gegenüberstellung früher – heute)
  - o Die Steinkohle im Ruhrgebiet
  - o Das Ruhrgebiet – eine Region verändert sich
  - o Der Rhein
  - o Am Niederrhein (Naturpark Schwalm-Nette)
  - o Düsseldorf und Köln – zwei Städte am Rhein
  - o Der Braunkohleabbau (sehr negative Darstellung)
  - o Die Stadt Aachen (Erläuterung des Dreiländerecks)
  - o In den Wäldern des Bergischen Landes
  - o Die Talsperren des Sauerlandes
- Weiterführende und vertiefende Aufgabenstellungen; kurze, rot umrandete Zusammenfassungen am Seitenende; Exkurse und Zusatzinformationen; die Abschnitte sind deutlich voneinander getrennt
- Zu jedem Bild ein passender kurzer und informativer Text; zu jedem Themenbereich werden 3 bis 5 verschiedene Aspekte vorgestellt; zu jedem Textabschnitt wird ein eindeutig zugeordnetes Bild gezeigt
- Probleme: keine bildliche Einordnung der Landschaften innerhalb NRWs gegeben; die aufgezeigten Stadtwappen werden nicht näher erläutert

Mensch und Raum, Geografie 5/6, Hauptschule Nordrhein-Westfalen. Cornelsen Verlagsgesellschaft, Bielefeld 1996
- Einteilung der Themenbereiche:
  Wohnumfeld und Nahraum
  - o Wir erkunden unseren Heimatraum → Zufallsauswahl der Stadt Kleve
  - o Wir arbeiten mit Karten → Zufallsauswahl der Stadt Sondern
  - o Wie wohnen die Menschen bei uns (Kleve: Vergleich Land – Stadt)
  - o Verkehrswege in unserem Nahraum (Verkehrwege in und um Kleve)
  - o Wir spielen und erholen uns (im Raum Kleve)
  - o Unser Nahraum verändert sich (Kleve früher – heute)
  - o In der Großstadt ist manches anders → Landeshauptstadt Düsseldorf
  Wanderungsbewegungen im Raum
  - o Herr Schröder wird Pendler (Berufspendler in NRW)
  Freizeit und Erholung
  - o Erholung am Rande des Ruhrgebiets (Bsp. Stadt Hagen; Naturpark Schwalm-Nette, Revierpark Wischlingen)
  Landwirtschaft in unterschiedlichen Räumen
  - o Viehwirtschaft im Sauerland
  - o Ackerbau in der Soester Börde
  Bergbau und Industrie

- o   Kohle und Stahl im Ruhrgebiet
- viel ansprechende Bebilderung
- zahlreiche weiterführende und handlungsorientierte Arbeitsaufträge
- Berichte von Schülern, Anwohnern, Experten, etc. zur Auflockerung der Sachtexte
- Informative und umfangreiche Texte
- Zahlreiche Daten und Grafiken zur Veranschaulichung und Bearbeitung
- Kurze Fremdworterläuterungen in Blöcken am Seitenrand
- Fremdwörter und wichtige Bezeichnungen werden fett hervorgehoben
- es werden nicht mehr alle Landschaften in NRW angesprochen
- Problem: Liegt die Schule nicht in Kleve, wird es trotzdem als „unsere Stadt" und „unser Wohnumfeld" in einem großen und umfangreichen Themenblock behandelt
- Problem: keine Einführung in das Thema NRW, keine Einordnung des Bundeslandes

Mensch und Raum, SEYDLITZ 5/6, Realschule Nordrhein-Westfalen. Cornelsen & Schroedel GmbH & Co., Geogr. Verlagsgesellschaft KG, Berlin 1990
- Einteilung der Themenbereiche:
  Erholungsräume
  - o   Erholung am Rand des Ruhrgebiets (Bsp. Stadt Hagen, Naturpark Schwalm-Nette; Landschafts- und Naturschutz)
  Versorgungsstrukturen
  - o   Stadt und Umland → Aufgaben, Ver- u. Entsorgung, Güter Paderborns
  Land- und fischwirtschaftliche Produktionsräume
  - o   Feldfruchtbau in einer Börde (Bsp. Soester Börde)
  - o   Gartenbau am Oberrhein (Bsp. Maxdorf)
  Durch Bergbau bestimmte Räume
  - o   Braunkohle in der Kölner Bucht und in der Lausitz
  - o   Steinkohle im Ruhrrevier
  Güterverkehr als Mittler zwischen Wirtschaftsräumen
  - o   Güterverkehr (Duisburg-Ruhrort – der größte Binnenhafen der Welt)
- viele weiterführende Aufgabenstellungen; umfangreiche und aussagekräftige Bebilderung; lange, informative Texte mit zahlreichen Fakten und Daten
- wichtige Wörter und neue Bezeichnungen werden fett hervorgehoben
- gute Mischung zwischen Fotografien, grafischen Darstellungen und Zeichnungen
- es werden nicht mehr alle Landschaften in NRW angesprochen
- Auflockerung der Sachtexte durch Erzählungen von Schülern, Experten, etc.
- Problem: keine Einführung in das Thema NRW, keine Einordnung des Bundeslandes

GEOGRAFIE: Mensch und Raum 5, Gymnasien NRW. Cornelsen Verlag, Berlin 2000
- Einführung: Nordrhein-Westfalen im Überblick
- Einteilung der Themenbereiche:
  Zusammenleben in Stadt und Land
  - o   Wir untersuchen unseren Nahraum: Unser Wohnort → Zufallsstadt Herdecke
  - o   Lebensraum Stadt → Düsseldorf (Karten, Stadtviertel, Verkehr)
  - o   Lebensraum Dorf → Kapellen (Veränderung 1845 – 1993, Denkmalschutz)
  Arbeit und Versorgung in Agrarräumen
  - o   Ackerbau in der Börde
  - o   Ein Gemischtbetrieb im Münsterland
  - o   Weihnachtsbäume aus dem Sauerland
  - o   Ökologischer Landbau (Bsp. „Ohler Mühle" in Hennen)

Arbeit und Versorgung in Industrieräumen
  - o   Herr Hommel wechselt den Beruf
  - o   Industrien → Kohle u. Stahl von der Ruhr, Steinkohle, Vom Erz zum Edelstahl

Freizeitgestaltung in Nah- und Fernerholungsräumen
  - o   Naherholung: Erholung in einer Großstadt? → Bonn
  - o   Revierpark Gysenberg
- weiterführende und vertiefende Aufgabenstellungen; aussagekräftige und informative Bebilderung; ausführliche und informative Texte, mit zahlreichen Zahlen und Fakten
- Auflockerung der Sachtexte durch Erzählungen von Schülern, Experten, etc.
- es werden nicht mehr alle Landschaften in NRW angesprochen; sehr spezielle Themen, keine allgemeine Behandlung
- Wichtige Bezeichnungen, neue Begriffe und Fremdwörter werden fett hervorgehoben